丛林密码
SCIENCE

策划/孟凡丽　主编/袁　毅

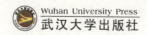
Wuhan University Press
武汉大学出版社

这是一个神奇的科学密码世界！

无论你是想了解史前生物，还是想知道未来科技；无论你是想大开眼界看看奇人异事，还是想开发智力让大脑做个健身操；无论你是想深入野外掌握丛林法则，还是想冲出地球和外星人打个招呼……"图说科学密码丛书"都能满足你的要求！

"图说科学密码丛书"取材优中选精，选取中小学生最感兴趣的五大知识领域，从中挑出他们最感兴趣的话题，并采用可爱卡通人物逛"科学密码世界"的形式串连所有知识点，让读者犹如亲临现场，从而加深知识印象，引发读者研究科学的兴趣。

"图说科学密码丛书"还特别以解密的方式设置了小栏目，巧妙利用前面出现过的知识设计了一些有趣的问题，让读者在边读边思考的同时，激发他们的创造力、思考力和分析能力。

我们相信，在你欣赏完"图说科学密码丛书"的那一刻，你一定会由衷地发出一声感叹：科学也可以如此美妙！

  "图说科学密码丛书"是一套专为中小学生倾力创作的科普丛书，包括《史前密码》《丛林密码》《人类密码》《头脑密码》《未来密码》五个分册。从时间纵轴上来看，"图说科学密码丛书"涵盖了史前、现在和未来三个不同的时间段；从知识横轴上来看，它又囊括了青少年最感兴趣的动物、高科技、外星人、思维训练和奇人异事等知识领域。

  "图说科学密码丛书"是一套新意迭出的少年科普读物，它将这些最有意思的知识用通俗生动的语言向读者层层铺开；同时它以主人公逛"科学密码世界"的形式把各个知识点串连起来，使内容变得趣味十足。那些专业、深奥的知识不再枯燥乏味，而是变成了一件件很有趣、很简单的事情。

  "图说科学密码丛书"是一套体现先进编辑理念和特色的少儿读物。编辑以"科学传真、图文并解"这种少年儿童吸收科学知识最有效的方式为基础，参考先进国家的科学教育理念，培养和引导读者对科学的学习兴趣。

  深度、广度兼具的"图说科学密码丛书"可以改变中国少年儿童"知识偏食"的习惯，是孩子课余时间的最佳读物。

　　自然界中的动物、植物、微生物的种类多种多样，它们之间建立了不同形式的生存关系，其中包括弱肉强食、团体活动、共生现象和适者生存。

　　为了弄清楚这些生物界的生存现象，阳光学校带着同学们来到了市里特别为学生打造的"科学密码世界"。当同学们走入这个奇妙的世界时，发现里面因这次活动的主题已经变成了一个丛林。同学们要深入丛林，了解自然，来探寻生物界的生存奥秘。

　　一进入丛林，朵朵就第一个说话了："这真是太神奇了。在野外，我们将会经历什么？"

　　X教授是"科学密码世界"里一位资深的生物研究员，也是这次活动的讲解员。他回答道："此次活动我们将要分四步来进行。首先，我们要去了解自然界的生存法则，认识弱肉强食的食物链；接着，我们将与动物们同行，去观察它们的团体生活；然后，我们会去探究生物界的共生现象；最后，我们一起去揭开生物灭绝与生命延续的秘密。"

　　活动就要开始了，真是让人既激动又兴奋。我们也一起参加吧！

目录 Contents

① 寻找食物链

第一章
Chapter One
寻找食物链

　　X教授带着同学们认识的生物界第一条生存法则——弱肉强食的食物链。在生物界中，生物与生物之间永远存在着吃与被吃的关系，这种关系相互联系在一起就形成了食物链。

认识食物链

 究竟什么是食物链？它又有什么特点呢？

▊➡ 食物链的概念

　　食物链就是一条食物路径。食物链以生物种群为单位，联系着群落中的不同物种。比如我们常说的"大鱼吃小鱼，小鱼吃虾米"，大鱼、小鱼和虾米就构成了一条食物链。

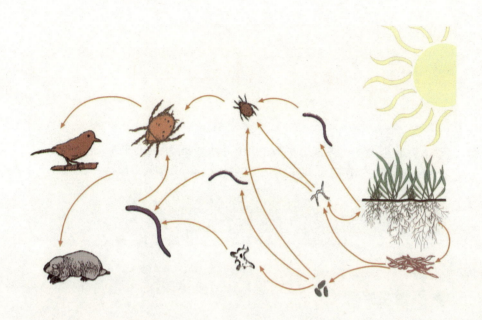

食物链的特点

食物链通常具备以下特点：1.一条食物链一般包括3～5个环节；2.食物链的开始通常是绿色植物，即生产者；3.食物链的第二个环节通常是食草性动物；4.食物链的第三个或其他环节的生物通常都是食肉性动物。

食物网

通常一种生物会和多种生物有食物上的联系，比如：麻雀会吃昆虫，但也吃植物，而麻雀本身也会被蛇吃，同时又是鹰的捕食对象。像这样由多条食物链相互交错、复杂地联系在一起的网，我们称它为食物网。

水稻——食物链的起源

 食物链一般都是从绿色植物开始的，所有我们能看到的绿色植物都是能量的生产者。

 那么，水稻是不是也是能量生产者呢？

▶ 能量生产者

水稻是一年生禾本科植物，也是绿色植物的一种。它在食物链中处于生产者的地位，大部分为人类所食用，但也有一小部分被蝗虫、稻螟虫等昆虫类食用。水稻为它的食用者提供了能量。

▶ 水稻的分布

水稻是我们最常见的一种植物，它广泛分布于世界各地。水稻喜欢高温、多湿、日照比较短的环境。水稻在幼苗时需要适宜的温度，到了成熟期则需要充足的水分。

▌▶水稻的用途

　　水稻是世界上近一半人口的主要粮食。它的稻粒去壳后称大米或米，可以做米饭、米粥、米线、米团、米饼和米糕等，还可以用来酿酒、制糖和做工业原料。稻秆、稻壳可以用来喂养家禽、家畜。

原来，我们平时吃的米饭都是从水稻来的啊！

水稻不仅是人类的主食，也是很多小型生物的能量来源，比如说蝗虫。

蝗虫——吃水稻的害虫

快看，蝗虫正在糟蹋水稻呢！

▶ 初级消费者

　　蝗虫属于直翅目昆虫，它主要靠吃植物的叶片和果实为生，在食物链中属于第二个环节。这个环节的生物没有叶绿素，不能自身合成食物，所以要通过吃掉绿色植物（生产者）来获取能量。

🔶 蝗虫的特点

蝗虫的生命力很强，所以数量众多，而且分布广泛，其中在山地、森林、低洼地区、草原等地分布最多。蝗虫的幼虫只能跳跃不能飞行，成虫既能跳跃又能飞行。

🔷 蝗灾与干旱

在严重干旱时，蝗灾很容易大量爆发，给自然界和人类造成灾害。这是因为蝗虫把卵产在温暖干燥的土壤中，干旱的环境能让它们迅速繁殖生长。低含水量的植物叶片，比如水稻叶片，是最适合它们吃的食物，而且，像蛙类这样的天敌在此时变少也为蝗虫大量繁殖生长提供了有利条件。这样，到了秋季，蝗虫就会铺天盖地地飞来破坏粮食，形成蝗灾。

蝗虫真是害虫，一定要想办法清除它。

青蛙是蝗虫的天敌，它可以有效抑制蝗虫的数量。

青蛙——田间捕食能手

 那个披着绿色外衣，在稻塘边"呱呱"叫的动物就是青蛙，它长得可真丑啊！

▌➤ 庄稼的保护神

别看青蛙长得丑，它可是庄稼的保护神。你看！它猛地一跳，嘴巴一张，舌头一翻，就把蝗虫卷进了嘴里。青蛙的舌头是倒着长在口中的，舌头上有黏液，舌尖分叉，是捕食蝗虫、蚜虫等田间害虫最好的工具。在食物链里，青蛙属于第三环节——间接消费者。

▌➤ 自我保护措施

青蛙有两大自我保护措施：一是它有跟植物一样

颜色的皮肤，隐藏在草丛或池塘中不容易被敌人发现；二是青蛙有三种眼睑，其中一种透明的眼睑可以在水中保护眼睛，其他的眼睑是普通的眼睑。

田间音乐家

　　青蛙还有一个昵称是"田间音乐家"，因为青蛙会在雨后、傍晚或夜间成群结队地鸣叫，声音错落有致，就像在唱着一支交响曲。当然，青蛙之所以有这么美妙的"歌声"，要归功于它头部两侧的两个大的声囊。

蛇——青蛙的天敌

蝗虫怕青蛙，青蛙也有天敌，它的天敌就是蛇。

▶ 蛇的特点

　　蛇的身体细长，它没有四肢、没有可上下活动的眼睑，也没有耳孔，全身覆盖着一层鳞片。它的活动范围很广，我们在陆地、树上、水里都能够看到它们。蛇平时最喜欢吃鼠、蛙、昆虫之类的生物。一般来说毒蛇的头是三角形的，无毒的蛇的头是椭圆形的，但不是所有的蛇都符合这个规律。

▌➡ 捕食本领

蛇的捕食本领很高超，而且能吞进比自己大很多倍的食物。古代有巴蛇吞象之说；非洲的食蛋蛇，还没有手指粗却可以吞进鸡蛋或鸭蛋，吃完蛋清后还会把蛋壳吐出来；巴西草原的果色蛇，利用舌尖上的圆舌粒，吸引来寻食的小鸟；东南亚和非洲鲁什马河流域的飞蛇，能吞食飞行的小鸟；而非洲黑毒蛇在捕食猎物时速度可以高达5米/秒。（18千米/小时，这个速度比成人在平坦的大道上骑自行车都要快。）

▌➡ 超强记忆力

蛇不但捕食本领高超而且记忆力非常好。它会报复曾经伤害过它的人，也会报答曾经救过它的人。现实中就有家蟒洪水里救小孩、海南蟒蛇抓小偷照顾小孩子等事件。如果同伴受到侵犯时，它们也会群起而攻之。

獴——蛇的死对头

 这种长相奇怪的动物是什么？看起来好可爱啊，它在自然界中会不会被欺负啊？

 这种动物叫獴，它可不是好欺负的，连蛇都怕了它！

⏩ 捕蛇能手

獴是著名的捕蛇能手，它不仅能跟蛇搏斗而且还能抵抗蛇毒。獴的身体和尾巴很长，四肢却很短小；体毛和尾毛比较粗长、蓬松，绒毛稀少。獴喜欢栖息在山林沟谷或溪水旁的树洞和岩隙里。蛙、小鸟、鱼、鼠、蜥蜴及昆虫都是它的食物，有时它也会吃鸟蛋。

▌▶ 獴的生活习性

在早晨或黄昏时，獴的一家通常会一起出洞觅食，在遇到危险时，它们会互相救助。雌兽携幼仔出游时，常发出咕咕的叫声在前面引导。春天，獴能在刚翻过的耕地里很快嗅到地下的蚯蚓和昆虫幼虫，并用前爪和鼻子拱土挖掘。到了冬季，它们则会到草堆中觅食。

▌▶ 獴吃蛇的秘密

眼镜蛇是很厉害的毒蛇，可是它一看见獴就吓得缩成一团，这是为什么呢？原来，獴不仅行动敏捷，而且它的血液缓冲能力较强，能够对抗蛇的毒液，这样在搏斗过程中，眼镜蛇的"杀手锏"——毒液，就对獴起不到任何作用。最后，眼镜蛇会因筋疲力尽而成为獴口中的食物。

核桃——田鼠的美食

哇，是核桃树，我最喜欢吃核桃了。除了我们人类之外，还有什么动物也爱吃核桃呢？

➡ 核桃树

　　核桃树是被子植物，喜光耐寒，抗旱、抗病能力强，适合在多种土壤中生长。核桃树结的果实，外皮光滑，内皮坚硬且有褶皱，属于坚果类。在山林里，成熟落地的核桃往往成为一些食草性动物的食物，像田鼠就很爱吃核桃。

▐▶ 营养丰富的核桃仁

核桃与扁桃、腰果、榛子并称为世界著名的"四大干果"。核桃既可以生食、炒食，也可以榨油，还可以制作成糕点、糖果等。除了味美，核桃仁还具有极高的营养价值，它含有丰富的蛋白质，是很好的健脑食品。爱吃核桃的田鼠会不会很聪明呢？

▐▶ 药用价值高

核桃的药用价值也很高，在中医上有着广泛的应用。核桃中的磷脂，对脑神经有良好的保健作用；核桃油含有不饱和脂肪酸，有防治动脉硬化的功效；核桃仁中的铬有促进葡萄糖利用、胆固醇代谢和保护心血管的功能；核桃仁对慢性气管炎和哮喘病患者也具有很好的疗效。经常食用核桃，既能强身健体，又能延缓衰老。

▮➡ 核桃的分布

核桃几乎遍布世界各地，其中美洲、欧洲和亚洲等地生产最多，中国和美国是核桃产量大国。我们中国人称核桃为"万岁果"、"长寿果"；国外则把核桃称为"大力士食品"、"益智果"等。

所以朵朵你要多吃核桃。

那就可以和田鼠去比比谁更"聪明"了，哈哈！

田鼠——聪明的家伙

 咦，那是什么声音？

 嘘，这是小田鼠在啃核桃呢！

⮕ 生活习性

田鼠是仓鼠科的一类，它与其他鼠类动物相比，身体较结实，尾巴较短，眼睛和耳朵较小。田鼠挖掘地下通道或在树根、岩石下的缝隙中做窝。有的在白天活动，有的在夜间活动，也有的昼夜都活动。田鼠多数以植物性食物为食，比如核桃，也有些田鼠会吃一些小动物。

❙➡ 聪明的田鼠

田鼠耳聪目明，它的嗅觉很灵敏，仅凭嗅觉就能准确找到食物；田鼠的视力也很好，即使在夜晚也能看清物体的位置。除此之外，田鼠有很强的记忆力，当熟悉的环境发生改变时，它们会立即察觉到，并及时躲避危险。

❙➡ 田鼠的危害

田鼠喜欢群栖在田野、林地、田埂之间。它们盗食种子、毁坏林木、挖掘土地、糟蹋粮食、破坏土壤。田鼠在堤坝上打洞容易造成水灾，破坏庄稼，并且传播鼠疫细菌。由此可见，田鼠对人类的危害是极大的。

猫头鹰——田鼠的天敌

 原来田鼠有这么多坏处啊，那赶快找动物来消灭它们吧！

 别急！猫头鹰不是来了吗?

▶ 猫头鹰画像

猫头鹰是全世界分布最广的鸟类之一，也称作"枭"。它眼睛周围的羽毛呈辐射状排列开来，全身的羽毛细而松软；它的头大而宽，嘴短，侧面扁而强壮，尖端钩曲。猫头鹰有一个可灵活转动270度的脖子，它的左耳比右耳宽阔，听觉神经十分发达。

▶ 白天是"醉汉"

猫头鹰通常栖息在树上，也有部分会栖息在岩石的缝隙里，或是草地上。猫头鹰一般白天隐匿在树丛岩穴中或是屋檐下，到了晚上才会出来捕食鼠类或小昆虫之类的食物。因为猫

头鹰习惯了夜晚飞行，所以白天出来活动时，就会像喝醉了酒的醉汉一样没有精神。

▌▶ 特殊能力

猫头鹰的定位能力超强，而且飞行速度很快。一旦它发现捕食目标，便会急速冲击下来。由于它在飞行时产生的声波很小，一般的哺乳动物根本听不到。而且，它依靠听觉定位猎物的位置，不断调整扑击方向，能有效地捕捉猎物。

丛林密码

丛林探秘游戏刚开始没多久，X教授就向同学们提出了问题。他的问题是：生物界的第一条生存法则是弱肉强食也就是食物链。刚刚我们经历过的动物里总共可以组成几条食物链，它们又是怎么联系的？你知道答案吗？

答案：共有2条食物链。

1. 水稻➝蝗虫➝青蛙➝蛇➝獴

2. 核桃➝田鼠➝猫头鹰

狼尾草——动物的美食

这是什么植物啊?

这是狼尾草,是草食性动物最喜欢的食物。

▶ 狼尾草简介

狼尾草是禾本科一年或多年生草本植物。它高达30~120厘米,在它的花序下有一层细细的绒毛,叶片平展。狼尾草主要生活在田岸、荒地、道旁及小山坡上。在东非大草原上也生长着一片茂盛的狼尾草,鲜嫩多汁的狼尾草,吸引了草原上大部分草食性动物前来啃食。

▶ 要求不高的狼尾草

狼尾草喜欢温暖、湿润的气候条件,不适合在低温、霜冻等条件下生长。它对土壤环境的要求不高,一般很少会遭到虫害。而且由于它的根系很发达、密集,

对土层能够起到很好的固定作用。

⫸ 浑身都是宝

狼尾草不仅是动物们爱吃的食物，而且它的花清淡素雅，可以用来观赏。除此之外，它还有很好的药用价值。草、根和根茎都可以入药，其中草有清热、凉血、止血的作用；根和根茎可以清热解毒。

狼尾草真是经济又实用啊！

咱们一起看看它所在的食物链的下一环节是谁吧！

瞪羚——奔跑健将

我知道瞪羚，听说它奔跑的速度仅次于猎豹呢！

▌➡ 大眼睛动物

瞪羚这个名字的由来跟它的眼睛有关，因为它的眼睛特别大且眼球向外凸起，像是瞪着眼睛，所以人们称它为"瞪羚"。瞪羚生活在非洲草原上，以嫩的、容易消化的植物为食，狼尾草就是它最喜欢的食物。

▌▶ 奔跑的瞪羚

　　在非洲草原上，瞪羚的速度仅次于猎豹。它集速度与耐力于一体，不仅能够达到80千米的时速，而且还可以连续奔跑一个小时。当发现危险时，它们四条腿直直地向下伸，身体腾空高高跃起。这个腾跃的动作高度可达3米，跨度可达9米，在为自己争取了逃跑时间的同时，也能提醒其他瞪羚有危险来临。

▌▶ 爱打斗的雄瞪羚

　　雄性瞪羚长着一对又长又弯的角，它们之间喜欢打斗，尤其是在争夺伴侣和领土的时候，它们会通过对抗或者彼此用角的顶撞来决定谁是胜利者。战败者将会离开此地去寻找新的领地。

胡狼——小个子猎食者

 呀！不好，一只胡狼跑过来了，小瞪羚快跑啊！

➤ 胡狼家族

　　胡狼由于个头不大，所以专门捕猎细小至中等的动物，比如瞪羚。它是夜间出没的动物，尤其是在黎明及黄昏时分最为活跃。胡狼主要分布在非洲北部、东部，欧洲南部，亚洲西部、中部和南部等地，包括亚洲胡狼、侧纹胡狼、黑背胡狼和西门胡狼等类别。

➤ 严格的"一夫一妻"制

胡狼在婚配方面实行严格的"一夫一妻"制。而且在抚养后代方面，雄兽和雌兽不仅责任均等，而且任务也相似，如果雌兽出外捕食，雄兽就留在家中照看幼仔。一对胡狼通

常占有一块领地，用自己尿液的气味圈划出疆界，它们一住就是多年，甚至一生也不会改变。

➤ 胡狼与秃鹫的战斗

秃鹫是最著名的食腐动物，哪里有一群秃鹫，哪里就肯定会有动物的尸体。胡狼与秃鹫之间经常发生火拼，尽管秃鹫有着尖硬的嘴，但它们缺乏撕碎兽皮的力量，所以只有等胡狼扒开死尸外面的那层硬皮，它们才蜂拥而上，而且往往会把胡狼挤走。

呜呜，胡狼真可怜，竟然会被秃鹫欺负。

快别哭了，非洲狮发现我们了！

非洲狮——万兽之王

 哇，非洲狮真威武啊，它真不愧是"万兽之王"！

▶ 当之无愧的万兽之王

狮子是地球上力量强大的猫科动物之一。在狮子生存的环境里，其他猫科动物都处于劣势。漂亮的外形、威武的身姿、王者般的力量和梦幻般的速度在狮子身上得到完美结合，为它赢得了"万兽之王"的美誉。

▶ 群体意识

在所有的猫科动物中，狮子的群体意识最强，同一个狮群里的所有狮子都能够和睦相处。在一个狮群中，一般包括1～3只成年雄狮、6～7只成年雌狮，还有几只幼狮，它们相互之间有着密切的血缘关系。头领雄狮的主要职责是保卫领地，其他的雄狮则主要负责保护雌狮和幼狮。

▌▶各司其职

狮群中的狩猎工作主要是由雌狮完成的，雄狮很少参与捕猎。因为雄狮夸张的鬃毛和硕大的头颅在开阔的草原上很难隐藏起来，所以与其让它们在外面吓跑猎物，不如回家待着。何况雄狮需要经常巡视领地和入侵者斗争，这些都需要足够的体力。

藻类植物——初级生产者

教授，我们这是要去哪儿啊？

陆地上的食物链我们已经知道了，当然要去看看水中的食物链了。

▌▶ 无处不在

藻类在海洋的食物链中起着很重要的作用。藻类植物虽然主要为水生，但分布广泛，从温带的森林到极地的苔原都有它们的身影。某些变种可生活于土壤中，能耐受长期的缺水条件；另一些生活于雪地中，少数藻类植物能在温泉中生长。

▌▶ 古老的物种

藻类是最古老的一种植物。它们的结构非常简单，每个可见的个体都是以叶状体存在的，没有根、茎、叶的区别。它们的体形差异很大，比如硅藻就非常小，而海带却长达 4 米，果囊马尾藻则长达几十米。

▶ 海洋的"草原"

硅藻是海洋中极其重要的浮游生物，它是鱼、贝、虾等动物的主要食物。硅藻分布广泛，在温带和热带海域中最为常见。因为它种类多、数量大，所以被称为海洋的"草原"。

水母——海中的小花伞

▌▶ 水母的分类

水母是海洋中重要的大型浮游生物，全世界的海洋中有超过200种水母，它们分布于全球各地的水域里。水母根据伞状体的不同分类：有的伞状体发银光，叫银水母；有的伞状体像和尚的帽子，就叫僧帽水母；有的伞状体上闪耀着彩霞的光芒，叫做霞水母。

▌➡ 优雅前进

水母身体的主要成分是水，其体内含水量一般可达97%以上。它由内外两胚层所组成，两层间有一个很厚的中胶层，中胶层不但透明，而且有漂浮作用。它们在运动之时，利用体内喷水反射前进，就好像一顶圆伞在水中迅速漂游。

▌➡ 美丽而凶猛

水母的食物有40多种，以硅藻类、原生动物、甲壳类、贝类幼体、鱼虾贝类卵粒为主。水母美丽却凶猛。在伞状体的下面，那些细长的触手上面布满了刺细胞，能够射出毒液，猎物被刺到以后，会迅速麻痹而死。水母的触手就将这些猎物紧紧抓住，缩回来，立即在腔肠内将猎物消化吸收。

乌贼——独特的防身术

 乌贼真有意思，还会喷墨呢！

▌▶ 长相奇特的"鱼"

乌贼虽然又称为墨鱼、墨斗鱼，但是它不是鱼，它是软体动物门头足纲乌贼目的动物。乌贼的长相很奇特，它的身体看起来像个橡皮袋子，身体两侧有肉鳍，用来游泳和保持身体平衡，眼睛发达、头顶长口，口腔内有角质颚，能撕咬食物，足也长在头顶。乌贼分布于世界各大洋，主要生活在热带和温带沿岸浅水中。

▌➡ 为虾青素而战斗

乌贼要想在深海中生存，就必须有结构稳定的肌红蛋白，因此乌贼除了吃水母之外，还热衷于吃螃蟹、鱼、贝类动物。因为这些动物富含虾青素，而虾青素是最强的抗氧化剂，有保证肌红蛋白结构稳定而不被氧化的作用。

▌➡ 防身术

乌贼体内的墨汁平时都储存在肚子里的墨囊中，遇到敌害侵袭时，它的墨囊就会喷出一股墨汁，把周围的海水染得墨黑，然后它趁机逃之夭夭。而且乌贼的墨汁中还含有毒素，可以用来麻痹敌人，为它争取逃跑的时间。但因为储存墨汁需要很长时间，所以不到万不得已，乌贼是不会释放墨汁的。

海豹——长得像狗的海洋动物

 海豹的脑袋圆圆的，身体又笨又重，行动起来一摇一摆，真是可爱极了！

 哈哈，有没有觉得海豹长得像狗呢？

➡ 外形素描

海豹的身体不大，仅有1.5～2.0米长，最大的个体重150千克，雌海豹的个头略小，重约120千克。它们的头部圆圆的，看起来像狗，所以不少地方还把它称为海狗。

➡ 海豹的近亲

海狮、海象是海豹的近亲，它们都有耳壳，后肢都能转向前方直立行走。但不同的是海豹的前肢比后肢短，而且后肢不能向前弯曲，它的脚跟已退化，不能行走，所以当海豹在陆地

上活动时，总是拖着累赘的后肢，弯曲爬行，在地面上留下一行扭曲的痕迹。

⫸ 游泳本领强

世界上所有的海豹身体都像纺锤，这种体形适于游泳。海豹的游泳本领很强，速度可达每小时27千米，同时它又善于潜水，一般可潜100米深，其中南极海域中的威德尔海豹甚至能潜到600多米深，并能在水中持续潜游43分钟呢。

大白鲨——海中之王

 朵朵，快躲开，大白鲨出来觅食了！

 海豹岂不是要遭它毒口了，有没有什么办法能救救海豹啊？

➡ 杂食家

大白鲨因其体型大而且具有攻击性而被认为是海洋杀手。它最喜欢捕食海豹、海狮，偶尔也会吃海豚、鲸鱼尸体甚至其他鲨鱼，但除此之外它们还吞食海獭、海面上漂浮的死鱼等。所以，大白鲨是一个不折不扣的杂食家。

▮➡ 可怕的好奇心

大白鲨具有强烈的好奇心，但可怕的是，它的这种好奇心往往是通过啃咬的方式去探索不熟悉的目标。由于大白鲨拥有令人难以置信的锋利牙齿和上下颚的力量，所以会轻易地导致人的死亡。看来，大白鲨对人类进行攻击的部分原因可能是它对人类感到好奇。

▮➡ 不断更新牙齿

大白鲨的血盆大口中，上颚排列着26枚尖牙利齿，牙齿背面有倒钩，猎物被咬住就很难再挣脱。一旦大白鲨前面的任何一枚牙齿脱落，后面的备用牙就

会移到前面补充进来。在任何时候，大白鲨的牙齿都有大约1/3处于更换状态。据估计，大白鲨一生之中将丢失、更换成千上万枚牙齿。

细菌和真菌——生命的终结者

细菌和真菌与食物链有什么关系？它们在食物链里起什么作用？

分解者

细菌和真菌是食物链中的分解者，它们把复杂的动植物残体分解为简单的化合物，最后分解成无机物归还到环境中去，被生产者再利用。大约有90%的陆地初级生产量都必须经过分解者的作用而归还给大地，再经过传递作用输送给绿色植物进行光合作用。所以分解者又称为还原者。

细菌

细菌主要由细胞膜、细胞质、核质体等部分构成，有的细菌还有荚膜、鞭毛、菌毛等特殊结构。它是生物的主要类群之

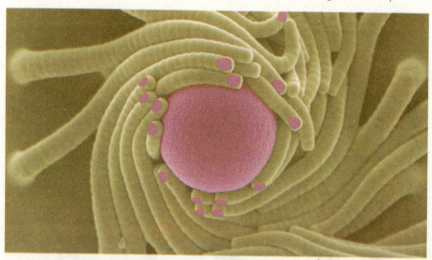

一。细菌是所有生物中数量最多的一类，个体非常小，广泛分布于土壤和水中，或者与其他生物共生。

⫸ 真菌

真菌是生物界中很大的一个类群，常见的大型真菌有香菇、草菇、金针菇、双孢蘑菇、平菇、木耳、银耳、竹荪、羊肚菌等。它们既是一类重要的菌类蔬菜，又是食品和制药工业的重要资源。真菌的细胞既不含叶绿体，也没有质体，是典型的异养生物。

丛林密码

　　生物界的第一条生存法则之旅马上结束了。同学们，现在我要问你们对食物链了解得怎么样了？带着问题我们来做一下下面的这道题吧！图中有一些动物植物，你能从中找出几条食物链？

答案：3条

水草 → 虾 → 鱼 → 海豹 → 鲨鱼

麦 → 麻雀 → 蛇 → 鹰

花 → 瓢虫 → 蜥蜴 → 鹰

第二章
Chapter Two
动物界的团体生活

丛林密码
CONGLIN

了解了食物链，X教授下一步将带领大家去探寻丛林里的第二条生存法则——团体生活。在动物界里，你知道哪些动物习惯群居生活吗？蜜蜂、海豚、蚂蚁，还有什么？呵呵，想不出来了吧！那就跟随我们开始下面的旅行吧！

海豚——分工捕食的水手

 教授，快看，海面上跃起了三只海豚。真好看啊，它们在做什么呢？

分工捕食

海豚喜欢过集体生活，少则几条，多则百条。它们一起外出捕食，捕食时每一只海豚都有明确的分工。它们当中总会有一只固定的海豚充当"司机"的角色，其他海豚则充当"障碍物"；"司机"海豚会将四周的小鱼赶向"障碍物"海豚所形成的包围圈里，小鱼无路可逃只能成为海豚的美餐。

➤ 终生不眠

海豚的大脑是动物中最发达的，它占海豚体重的1.7%，而人类的大脑一般占自身体重的2.1%。而且海豚的大脑是由完全隔开的两部分组成，当其中一部分工作时，另一部分可以得到充分休息，所以，海豚可以终生不眠。如此聪明的海豚经过训练后，还能够打乒乓球、跳火圈呢。

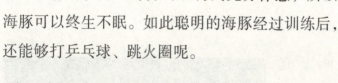

➤ 本领超群

海豚具有超强的回声定位能力，它能够准确判断目标的远近、方向、位置、形状，甚至物体的性质。如果你把海豚的眼睛蒙上，把水搅浑，它也能迅速、准确地追到扔给它的食物。海豚还有高超的游泳和潜水本领，它的潜水记录是300米深，海豚的泳速也很快，每小时可达64千米，相当于鱼雷快艇的中等速度。

狼——狼群无敌

▌▶ 家庭观念强

狼是一种家庭观念很强的动物。它们通常以家庭为单位群居在一起，数量在6～12只之间，在寒冷的冬天最多可达到50只以上。狼群中通常由一对优势对偶领导，如果是以兄弟姐妹为一群的群体则以最强的一只狼为领导。狼群中的幼狼长大后会留在群内照顾弟妹，也可能继承群内优势地位，有的则会迁移出去重新组建或加入新的狼群。狼具有很强的领域性，它们会以嚎声向其他狼群宣告自己的领域范围。

⇒ 狼的速度

狼的奔跑速度极快，可达55千米/小时左右。而且它还具有很强的耐力，狼有能力以10千米/小时的速度长时间奔跑，并能以高达近65千米/小时的速度追猎冲刺。如果是长跑，狼的速度甚至会超过猎豹。

⇒ 狼的牙齿

狼的嘴长而窄，总共长着42枚牙。这些牙齿分为5种：门牙、犬齿、前臼齿、裂齿和臼齿。犬齿有4枚，有2.8厘米长，足以刺破猎物的皮并给猎物造成巨大的伤害。裂齿也有4枚，是臼齿分化出来的，用于将肉撕碎。它的门牙比较小，主要用来咬住食物。

狼果真是凶残的动物，看看它们的牙齿就知道了。

蜜蜂——和谐的社会分工

小蜜蜂，别只顾着采蜜，快带我们去看看你们的大家族吧！

▐▶ 和谐的社会分工

蜜蜂的社会里，分工既简单又神奇。成千上万只蜜蜂以蜂王为中心，群居在一个巢穴里。群体里分蜂王、雄蜂和工蜂三种成年蜂。蜂王主要负责产卵和调节蜂群分工等作用；雄蜂主要负责与蜂王交配，使蜂王繁殖后代；工蜂随着身体的不断增长，所承担的任务也不同。

❱❱ 蜂王和雄蜂

蜂王的个头比较大，它的寿命一般在3~5年，最长的可活9年。雄蜂个体比工蜂大些，在蜂群里数量不多，它们不参加酿造和采集生产。雄蜂的主要工作是与蜂王交配，一般在与蜂王交配后就死亡了。

❱❱ 勤劳的工蜂

工蜂的数量是蜂群里最多的，大约有几万只。工蜂在出生后的第1天到第3天主要负责清扫蜂巢，以便蜂王产卵。从第3天起，工蜂的乳腺开始发育，此时它们便充当保姆，分泌蜂王浆照顾幼虫。乳腺萎缩后，工蜂要清除废物和蜜蜂尸体，储存花蜜和花粉。第12天到第19天，工蜂分泌蜂蜡筑造蜂房，筑巢工作持续到第20天。之后，工蜂开始外出采蜜，直到死亡。

蚂蚁——团结力量大

 人人都说蚂蚁力量大，但它的个头明明就那么小，怎么会力量大呢？

▶ 团结就是力量

在雨林中，一群蚂蚁为了吃到邻近树上的食物，它们会互相咬住后足，搭成一条"蚁索桥"垂吊下来，借风飘荡，摇到另一棵树上去。吃完树上的食物，它们又结队顺树而下。蚂蚁想带食物回家的话，它们会拉的拉，拽的拽，团结一致、分工明确，即使是一只超过它们体重百倍的螳螂或蚯蚓，也能被它们轻而易举地拖回蚁穴中。

▶ 动物界的大力士

说蚂蚁力量大，除了是因为它们团结外，还因为它们自身的力气也大。蚂蚁绝对是动物界的大力士，经专家试验证明，一只工蚁可以举得起相当于自身重量10倍的物体；而体重为3吨

的大象，却只能卷起重量为1吨的大树。你说，蚂蚁是不是动物界中的大力士呢？

▌➡ 建筑专家

蚂蚁还是一位建筑专家，看看蚁穴就知道了。蚁穴牢固、安全、舒服，道路四通八达。而且蚁穴内还有许多各有用处的分室。在沙漠中有一种蚂蚁，建的蚁穴远看就如一座城堡，有4.5米之高。要知道，蚂蚁的4.5米可相当于人类的4500米呢。

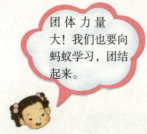

团体力量大！我们也要向蚂蚁学习，团结起来。

蚂蚁团结可以觅到食物，鸵鸟团结能更快地逃离危险。

鸵鸟——会跑不会飞

> 现在我们来到了非洲。这里生活着一种不会飞行的鸟类——鸵鸟，它们成群地生活在一起。

▌➤ 鸵鸟群的抗敌策略

鸵鸟是群居性鸟类，一个鸵鸟群中包含5～50只鸵鸟。鸵鸟不具备强有力的攻击能力，所以它们总是显得小心翼翼，在觅食时会时不时抬头四处张望。如果一旦发现危险，它们就会飞快地逃跑，时速可高达65千米。如果来不及逃跑，它们就干脆将潜望镜似的脖子平贴在地面，身体蜷曲一团，希望敌人不会发现它们。

▐▶ 贴近地面的秘密

鸵鸟将头和脖子贴近地面，除了希望敌人发现不了它们之外，还有两个作用：一是它们可以听到远处的声音，有利于及早避开危险；二是它们可以放松颈部的肌肉，更好地消除疲劳。

▐▶ 有效的采食者

鸵鸟生活在非洲低降雨量的干燥地区，可它们还是能吃到那些在沙漠中稀少而分散的食物，这都要归功于它们长而灵活的脖子以及准确的啄食技巧。鸵鸟啄食时，先将食物聚集于食道上方，形成一个食球后，再缓慢地经过颈部食道将其吞下。

野马——团结抗敌

不好，野马被狼群包围了，但它们为什么看起来一点儿也不慌张呢？

团结抗敌

野马是马的一种，喜欢群居生活。当野马遇到狼群时，它们并不畏惧潜逃，而是镇静地迎击狼群。它们会摆出阵势，雄马在前，雌马在后，小马在中间。它们用蹄子乱踩地面，似乎在威吓，又像在指示同伴逃避方向。顷刻间，只见群马冲出包围，快速跑开。

野马群的生活

夏季，野马数十匹成群，由一匹雄马率领，带着雌马和小马在草原漂泊漫游，寻觅野生植物吃。傍晚时

分，它们会到湖边去饮水，并在附近憩息。它们凭着自己的保护色，藏匿在灰褐色的泥土上，逃避敌害。冬天，野马要进行季节性迁徙，在冰天雪地里，它们只能以雪解渴，挖掘雪下的枯草和苔藓来充饥。

❚➡ 已灭绝的野马

野马体格健壮，性情剽悍，蹄子小而圆，奔跑速度很快，耐干旱，可以说它是一种生存能力很强的动物，但是它们却在人类的恣意捕杀下逐渐灭绝。人们最后一次发现野马的时间是在1957年，估计现在野生种群已经灭绝了，现在的野马都是人工培育的。所以我们一定要保护野生动物。

牛羚——纪律严明的队伍

 动物们也是有规矩的，看看牛羚的队伍就知道了！

⇒ 严格的管理

牛羚的群体生活可谓是纪律严明。每群牛羚都由一头成年雄牛羚率领，行进时，健壮的公牛羚分别走在队伍的前面和后面，而母牛羚和幼牛羚则一头挨着一头地走在队伍中间。牛羚群平时活动时，一般由一头强壮的牛羚屹立于高处瞭望放哨，如遇敌害，领头牛羚会率领牛羚群冲上前去，势不可挡，直至脱离险境。

▌▶ 外形与生活

　　牛羚总的形态像牛，身体粗壮，重300～400千克。头大颈粗，四肢短粗，其中前肢比后腿还要壮，蹄子也大。牛羚常栖息于2500米以上的高山森林、草甸地带，主要以草、树叶及花蕾为食。

▌▶ 行动灵活

　　别看牛羚体态臃肿，行进时弓腰驼背，步态蹒跚，可是在需要时它能跃过2.4米高的枝头，或者用前腿、胸膛去对付一根挡在前进道路上的树干，使之弯曲直至折断。

企鹅——庞大的家族

南极的企鹅家族是最大的，因为它们的数量数也数不过来！

庞大的队伍

企鹅喜欢群栖，一群最多可达20多万只。在南极大陆上，人们可以看到成群结队的企鹅聚集的盛况。有时，它们排着整齐的队伍，面朝一个方向，好像一支训练有素的仪仗队，在等待和欢迎远方来客；有时它们排成距离、间隔相等的方队，如同团体操表演的运动员，阵势十分整齐壮观。

防寒的秘密

虽然企鹅在南温带都有分布，但最著名的还是生活在南极的企鹅。南极虽然酷寒难当，但这里的企鹅经过数千万年暴风

雪的磨炼，全身的羽毛已变成了重叠、紧密连接的鳞片状。这种特殊的羽衣，不但可以防水，而且可以防寒，哪怕气温在零下100℃左右，企鹅也不在乎，它可以说是世界上最不怕冷的鸟类。

▌➡ 泳坛全才

　　企鹅游泳的速度十分惊人，成年企鹅的游泳时速为20～30千米，比万吨巨轮的速度还要快，甚至可以超过速度最快的捕鲸船。企鹅跳水的本领可与世界跳水冠军相媲美，它能跳出水面2米多高，并能从冰山或冰上腾空而起，跃入水中，潜入水底，因此，企鹅绝对称得上是泳坛全才。

丛林密码

海豚是一种群居动物，同伴之间友好相处。就连对人类，海豚也有很友善的表现。比如当人类在海上遇到危险时，它们会现身救援。你知道这其中的秘密究竟是什么吗？

答案：有人认为，因为海豚是哺乳动物，它们在水中用肺呼吸，很容易溺水，所以它救人很可能是在练习如何救助同伴。

第三章
Chapter Three
生物界的共生现象

丛林密码
CONGLIN

　　除了团体生活，生物界中还有另一种异体共同生活的方式，这就是第三条丛林法则——共生关系。朵朵列举了几类存在共生关系的生物，比如：海葵与小丑鱼、无花果和榕小蜂。你还知道哪些有共生关系的生物，快来参与我们的讨论吧！

狼蛛和茅膏菜

 不管到了哪里，狼蛛总喜欢与茅膏菜做邻居，这是怎么回事呢？

➡ 共享美食

在美国佛罗里达南部潮湿的沼泽附近，有一种叫狼蛛的动物总是把网织在茅膏菜的旁边。这是怎么回事呢？原来，狼蛛和茅膏菜捕食的猎物相同，茅膏菜利用叶片上的黏液来吸引猎物，而狼蛛也乘机捕获猎物。

⇒ 茅膏菜

茅膏菜的外形很像狗尾草，不过它的毛是红色的。它的毛尖上能分泌一种黏液，如果有一只虫子落在了茅膏菜上，茅膏菜会一下子卷住虫子，怎么也不肯放开。同时它会继续分泌黏液把虫子腐蚀掉，化成液体，这时茅膏草就可以享用大餐了。

⇒ 狼蛛

狼蛛的背上长着一种像狼毫一样的毛，而且它有八只眼睛。在昆虫界，狼蛛有"冷面杀手"的称号，有的狼蛛的毒性很大，能毒死一只麻雀，大的狼蛛甚至可以毒死一个人。狼蛛非常警惕，平时喜欢隐藏在沙砾上，不容易被发现。

根瘤菌和豆科植物

豆科植物的根茎上总是会有根瘤菌相伴，可不要把它们当成杂草除掉哦。因为根瘤菌与豆科植物是不离不弃的朋友，少了谁都不行。

互相依赖

根瘤菌与豆科植物之间是互相依赖的共生关系。根瘤菌从豆科植物中吸取碳水化合物、矿物盐、水分，进行生长和繁殖；同时它们又把空气中的氮固定下来以供豆科植物生长所用。

根瘤菌

根瘤菌是与豆科植物共生，形成根瘤并固定空气中的氮供植物营养的一类杆状细菌。它们从豆科植物的根毛侵入根内形成根瘤，对豆科植物的生长有着良好的作用。

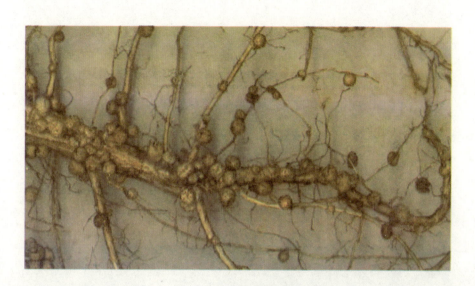

➤ 豆科植物

豆科是双子叶植物，有17600余种，是种子植物中的第三大科，广泛分布于全世界，用途很大。食用类的主要有：大豆、蚕豆、豌豆、绿豆、赤豆、豇豆、菜豆、扁豆、木豆、落花生等；饲料类的有：紫云英、苜蓿、蚕豆、翘摇等；染料类的有：马棘、槐花、木蓝、苏木等；油料类有：大豆、落花生等。

地衣

X教授，这绿东西是什么？摸上去又湿又软。

这是地衣，是真菌和藻类的共生体。

▶ 真菌和藻类的共生体

地衣是真菌和藻类的共生植物，它们通过有效的合作，能够适应各种艰苦的环境。真菌依靠藻类的光合作用取得所需的营养物质；藻类通过真菌增强对水和无机盐的吸收利用，同时得到真菌的保护，使细胞中的水分不至于被过度蒸发。

▐▶ 真菌

　　真菌是生物界中很大的一个类群。真菌从动物、植物的活体、死体和它们的排泄物，以及断枝、落叶和土壤腐殖质中来吸收和分解其中的有机物，作为自己的营养物质。

▐▶ 藻类

　　藻类大部分是水生生物，但也有一些藻类已摆脱水性，生长在陆地一些潮湿的地方。我们通常把一些水中或潮湿的地面和墙壁上个体较小、黏滑的绿色植物统称为青苔，实际上这些不是现在所说的苔类，而是藻类。

75

寄居蟹与海葵

 咦！海葵怎么会走，它有脚吗？哦，原来是寄居蟹带着它的邻居搬家呢。

⇒ 战略同盟

寄居蟹的腹部缺乏甲壳保护，所以它需要有同盟者来加强自己的防线。海葵能分泌剧毒，吓退敌害，但它不能移动，需要有同伴背着它遨游大海，以获取丰富的食物。于是，寄居蟹找到海葵来抵挡敌害，海葵也利用寄居蟹这个"坐骑"在大海中自由旅行。

▶ 寄居蟹

寄居蟹主要生活在黄海及南方海域的海岸边。它是大名鼎鼎的房屋强盗,当没有空贝壳时,它就会把贝壳主人从房子里撕扯出来,然后自己再搬进去,并用一只螯堵住入口处。

▶ 海葵

海葵外表美丽,像海底绽放的菊花,但其实它是捕食性动物。它的触手会分泌毒液用来捕食猎物或者自卫。海葵除了与寄居蟹有共生关系之外,还与很多生物有共生关系呢。

海葵与小丑鱼

 教授，海葵的触手有毒，别的鱼都不敢靠近它，为什么小丑鱼可以安然无恙呢？

 想知道其中的秘密，那就跟我一起来了解一下吧。

➡ 保护神与清洁工

海葵尽管有毒，但是小丑鱼能自由出入且栖身于海葵触手之间，一遇险情它会立即躲进海葵触手间寻求保护。当然，小丑鱼也会为海葵带来食物，并且帮它清理卫生。

⑪➡ 小丑鱼

　　小丑鱼身长6～10厘米，橙黄色的身体上有两道宽宽的白色条纹，十分美丽。几十尾小丑鱼儿组成一个大家庭，如果有的小鱼犯了错误，就会被其他鱼儿批评冷落；如果有的鱼受了伤，大家会一起照顾它。可爱的小丑鱼就这样互亲互爱，自由自在地生活。

⑪➡ 小丑鱼的绝招

　　海葵的触手有毒，其他鱼类避而远之，为什么小丑鱼却可以安然无恙呢？原来，小丑鱼体表能分泌一种黏液，这种黏液不仅可以中和海葵刺细胞的毒素，还可以给海葵触手刺细胞传达指令："这是自己人，不要开火！"这样，小丑鱼就可以在海葵触手间无忧无虑地穿梭了。

犀牛和犀牛鸟

 亮亮，你看，犀牛正在用尾巴赶蚊子呢。它的样子多好笑啊！

 看来犀牛需要找犀牛鸟来帮忙了！

▶ 粗暴的犀牛

一头犀牛足有好几吨重，它的皮肤又硬又厚，如同披着一身刀枪不入的铠甲，头部那碗口般大的一支长角，任何猛兽被它一顶都要完蛋。据说犀牛发起脾气的时候，别说是狮子，就连大象也要避让三分。这样粗暴的家伙，怎么会和长得像画眉的犀牛鸟成了"知心朋友"呢？

▶ 好心的犀牛鸟

原来，犀牛的皮肤虽然坚厚，可是皮肤皱褶之间却又嫩又薄，一些寄生虫和吸血的蚊虫便会趁虚而入吸食犀牛的血液。犀牛又痒又痛，可又没有好的办法来把这些讨厌的害虫赶走消

灭。正好犀牛鸟是捕虫的好手，它们成群地落在犀牛背上，不断地啄食着那些企图吸犀牛血的害虫。犀牛浑身舒服，当然很欢迎这些会飞的小伙伴了。

▶ 小小"警报员"

除了帮助犀牛驱虫外，犀牛鸟对犀牛还有一种特别的贡献，那就是发出遇敌警报。犀牛虽然嗅觉和听觉很灵，可视觉却非常不好。若是有敌人逆风偷袭，它就很难察觉到。这时候，犀牛鸟就会飞上飞下，叫个不停，暗示犀牛危险来临，要及时采取防范措施。

蜜獾和响蜜䴕

响蜜䴕在蜜獾旁边叽叽喳喳地叫着，什么情况？哦，一定是响蜜䴕又发现了新的蜂窝，请蜜獾去共进晚餐呢！

▌➡ 为美食而合作

蜜獾最喜欢吃的食物是蜂蜜，于是它与黑喉响蜜䴕结成了十分有趣的"伙伴"关系。响蜜䴕一发现蜂窝就会不停地鸣叫以吸引蜜獾的注意力，因为它是打不开蜂窝的。蜜獾跟着响蜜䴕的叫声找到蜂窝后，蜜獾就会扒开蜂窝吃蜜，而响蜜䴕亦可分享一顿佳肴。

▌➡ 聪明的蜜獾

蜜獾通常在非洲、亚洲的南部和西部出现。这种动物表面看起来很可爱，实际上几乎会攻击所有动植物。它很聪明，知道敌人的弱点。它也是为数不多的会使用工具的一种动物，例如用原木做梯子。

▌➡ 蜜獾吞蛇

一只大蜜獾可以在半小时内吞下一条2米长的大蟒蛇，即使是有毒的南非眼镜蛇和蝰蛇，蜜獾也毫不费力。蜜獾似乎对毒蛇有很强的抵抗力，就算它被毒蛇咬了也没关系。直到现在，科学家还没有解开蜜獾不怕毒蛇的秘密。

▐▶ 黑喉响蜜鴷

黑喉响蜜鴷会
等蜜獾把蜂窝破坏
后，再吃剩下来的
蜂蜜和蜂蜡。比较
特别的是，响蜜鴷
的消化系统中有
一些特殊的微生
物，因此它才能
吃一般动物无法
消化的蜂蜡。

Password

 丛林密码

　　朵朵在南极看到一群企鹅和一群爱斯基摩狗挨在一起，朵朵知道它们一共有72只，但是却有200条腿。你能算出这里一共有多少只企鹅，多少只狗呢？

　　答案：因为企鹅只有两条腿，而爱斯基摩狗有四条腿，一共有28只狗，44只企鹅。

85

鳄鱼和牙签鸟

凶猛的鳄鱼也有朋友。你看，它的朋友牙签鸟正在帮它剔牙呢！

➡ 古希腊的记载

据说，公元前 5 世纪，古希腊著名的历史学家希罗多德在参观鳄鱼神庙时，亲眼看到一些鳄鱼饱餐一顿之后就张开大嘴，静静地趴在水池边上，让一种灰色的小鸟在它们可怕的牙齿之间跳来跳去，啄食残留在它们牙缝里的东西，而鳄鱼却并不伤害这些小鸟。希罗多德将这一奇怪的现象记录在了他的著作里。

⚡ 争议

关于牙签鸟与鳄鱼的故事，生物学界一直都有争议。虽然希罗多德记录了它们的事，但从来没有人真正见过，也没有这样的照片留下来。因此，它们到底有没有共生关系，还有待我们去发现。

⚡ 鳄鱼

鳄鱼不是鱼，而是爬行动物，因为它喜欢像鱼一样在水中嬉戏，故而得名。鳄鱼是恐龙现存的最近的近亲。它用肺呼吸，由于体内储氧供氧能力强，所以能够长寿，一般鳄鱼平均寿命可达150岁。

鳄鱼变色事件

2010年6月12日，一位55岁的生物学教授在美国的佛罗里达州附近的湖中拍摄到一组鳄鱼"变色"的照片。

当太阳在湖面上升起的时候，天空倒映在鳄鱼湿漉漉的背上，鳄鱼露出水面的部分变成了蓝色。不过这一奇妙的场景只持续了短短几分钟。

牙签鸟

牙签鸟是一种埃及鸻，它的个子跟鸽子差不多大小，长着黑、白、灰、浅黄4种颜色的羽毛，远远望去，特别醒目。埃及鸻很勇敢，如果有同类或猛禽入侵它的领地，它就会展开双翅进行抵抗，就算是老鹰也会在埃及鸻的顽强防守下败下阵来。

蚂蚁的共生伙伴

 蚂蚁的朋友可真多，蚜虫、小型蝴蝶还有刺槐都是蚂蚁的朋友。它们之间的友谊是怎么建立起来的呢？

▌▶ 蚂蚁和蚜虫

蚂蚁拍拍蚜虫的屁股，蚜虫便翘起屁股分泌粪便，这是蚂蚁的食物。为了表示感谢，蚂蚁帮忙赶走了来啄食蚜虫的敌人。蚂蚁和蚜虫生活在一起，它们之间相互协助，各取所需。

蚂蚁

蚂蚁是一种社会性极强的昆虫，一个蚁群会有成千上万只。蚂蚁能生活在任何有它们生存条件的地方，是世界上抗击自然灾害能力最强的生物。

蚜虫

蚜虫又称蜜虫，体色为黑色，喜干怕湿，常群集于叶片、嫩茎、花蕾、顶芽等部位，刺吸汁液，使叶片皱缩、卷曲、畸形，严重时引起枝叶枯萎甚至整株死亡。

蚂蚁与小型蝴蝶

　　除了蚜虫之外，蚂蚁和其他生物也有共生的现象。有一种小型的蝴蝶，它的绿色幼虫会分泌出一种甜味的腺液。于是，蚂蚁就把幼虫运回洞中喂养，吃幼虫分泌的这种腺液。等到幼虫出茧后，蚂蚁再把它放出来。

蚂蚁和刺槐

　　墨西哥有一种蚂蚁，生活在刺槐中空的树干里，它们吃刺槐叶柄部位分泌的汁液。同时，蚂蚁也保护着刺槐的安全，当有食叶昆虫或幼虫、草食动物靠近时，蚂蚁就会与入侵者搏斗，直到把它们赶走。除此之外，蚂蚁还会帮刺槐清除寄生植物。

鞭毛虫和白蚁

 鞭毛虫寄生在白蚁身体里，白蚁吃木头消化不了，这时，鞭毛虫就会来帮忙了！

▐➡ 相依为命

鞭毛虫生活在白蚁体内。白蚁喜欢吃各种木头，但自己没有消化木质纤维的酶，吃进去的木屑无法消化。而生活在它肠内的鞭毛虫能产生分解木质纤维的酶，可以将木质纤维分解，供白蚁吸收养料，同时鞭毛虫也从中得到养料。如果把这两种生物分离，它们都无法独立生存。

▌➡ 鞭毛虫

鞭毛虫的种类繁多，分布广泛，主要有植物类和动物类两种。生活在白蚁体内的属于动类的鞭毛虫。

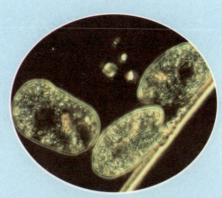

▌➡ 白蚁

白蚁是一种群居性很强，又有严格分工的社会性昆虫，群体组织一旦遭到破坏，就很难继续生存。每个白蚁巢内的成员可达百万只以上。它们的主要食物是各种木头。

鲨鱼和向导鱼

 性格凶猛的鲨鱼会有朋友吗？成为它的朋友的话，会不会一不留神就变成了它的食物呢？

▌➡ 形影相随

性情凶猛的鲨鱼，在海洋里却能与向导鱼和睦相处，它们形影相随，十分和谐。向导鱼会引导鲨鱼找到大量的鱼群，也会钻进鲨鱼嘴里吃鲨鱼牙缝里的残屑。一向凶猛的鲨鱼任由向导鱼穿来穿去，不仅不会伤害它，反而会保护向导鱼不被其他动物攻击。

鲨鱼

鲨鱼是海洋中的庞然大物，号称"海中狼"。它早在3亿年前就已经存在于地球上了，近1亿年来几乎没有改变。鲨鱼的牙齿有5～6排，在捕食或进食时很容易脱落，所以要不断更新长出新的牙齿来替补，它的一生需更换上万颗牙齿。

向导鱼

向导鱼身长仅30厘米左右，青背白肚，两侧有黑色的纵带。每当鲨鱼出征巡猎时，向导鱼就紧随其后，仿佛护驾的卫队一样。有时，向导鱼也游到前面去侦察情况，不过很快会回到自己的位置，可以说它们和鲨鱼是形影不离。

水母和小牧鱼

 那只小牧鱼就快要被后面的大鱼追上了。咦，它躲进了水母的触手，它不怕水母伤害它吗？

安全的避难所

与水母共生的伙伴是小牧鱼，小牧鱼可以在水母的触手间游动。一旦有大鱼游来，小牧鱼就会躲进水母的触手里，而水母则可以抓住时机捕到猎物。小牧鱼会吃水母吃剩的食物，同时会帮水母清理栖息在水母身上的微生物。

水母

水母是腔肠动物，在海洋中属于大型的浮游型动物。它外表美丽温顺，其实十分凶猛，它伞状的头部下长着有毒的触手。这些触手既是它的消化器官又是它的猎食武器，触手分泌

出的毒素可以迅速麻痹猎物、杀死敌人。水母并不擅长游泳，它常常借助风、海浪和水流来移动。

➡ 小牧鱼

小牧鱼的身体只有7厘米左右，它身材小巧，行动灵活，能够巧妙地避开水母的触须，不易受到伤害。

无花果和榕小蜂

 无花果里住昆虫？这是什么昆虫，可真奇怪！

⇒ 各取所需

　　无花果树为榕小蜂提供了栖身场所及发育所需的一切营养；榕小蜂则在花序中爬动，在寻找产卵场所的过程中，为无花果属植物进行必不可少的传粉。所以它们缺了谁都不行。

▌➡ 无花果

无花果并不是没有花，而是它的花开在子房里，开得很小，人们根本看不到，所以，人们才把它称为"无花果"。无花果有雄花、瘿花、雌花三种，其中瘿花是一种不会结果的雌花，它会提供花粉，也是榕小蜂幼虫的生存场所。当榕小蜂成虫在花中飞出飞进寻找产卵场所的时候，也帮无花果完成了传粉的过程。

▌➡ 榕小蜂

榕小蜂的身体细小，身长只有2~3毫米。雌虫黑色，有翅膀；雄虫白色或者淡黄色，没有翅膀。它们在幼虫时代生活在无花果的瘿花里，雄榕小蜂终生都住在无花果里；成虫后的雌榕小蜂则会飞出花序，寻找新的产卵场所，繁殖后代。

渡渡鸟与卡尔瓦利亚树

毛里求斯岛上的卡尔瓦利亚树为何300多年都没有繁殖新树种？这一现象与渡渡鸟又有什么关系呢？

▶ 一损俱损

卡尔瓦利亚树的种子外壳坚硬，需要渡渡鸟消化掉果实的外皮，才可以生长发芽，而渡渡鸟也以这种果实为食。不过，渡渡鸟已经灭绝了300多年，结果卡尔瓦利亚树也就300多年没有繁殖新树种了。二者相互依存，一荣俱荣，一损俱损。

▮▶渡渡鸟

渡渡鸟是仅产于印度洋毛里求斯岛的一种大鸟，因为翅膀很小，所以不能飞行。它头大，嘴长，脚很强壮，全身为蓝灰色羽毛。它唯一的天敌就是人类。1681年，驻扎在毛里求斯岛上的军人残忍地杀害了世界上最后一只渡渡鸟。渡渡鸟从此绝迹。

▮▶卡尔瓦利亚树

自从渡渡鸟灭绝之后，卡尔瓦利亚树便不再有种子发芽、生长了。也是因为渡渡鸟灭绝的关系，这种可以长到30多米高的巨树到了20世纪80年代时，数量只剩下13株了。

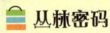 丛林密码

在寻找蚂蚁的共生伙伴时，X教授说生活在印度尼西亚婆罗洲热带雨林的蚂蚁和一种藤类植物有着更有趣的共生故事。朵朵想知道，但X教授让朵朵自己找答案。你能和朵朵一起来找出答案吗？说说它们是怎么共生的。

答案：在印度尼西亚婆罗洲的热带雨林中，生长着一种藤类，它与蚂蚁共生。当有动物前来啃食藤时，住在藤上的蚂蚁大批出动，敲击藤茎，吓走敌人。而藤类则为蚂蚁提供了居住场所和食物。

第四章
Chapter Four
适者生存

　　在自然界中，有些动物因为无法适应变更的环境而灭绝，而有些动物却能够在严酷的环境中进化出一些特殊的本领，这就是生物界中的第四种法则——适者生存。

三叶虫——寒武纪的代表

三叶虫长得像叶子吗？它适应什么样的生活环境？

➡ 三叶虫的灭绝

在距今十分遥远的寒武纪，气候温暖，海平面升高，海水淹没了大片的低洼地。浅海地带为新生物种三叶虫提供了很好的生存环境，三叶虫的数量开始大大增加。很快海洋成了三叶虫的世界。直到新的物种大量涌现，三叶虫才在中生代到来时灭绝。

⯈ 悠久的历史

三叶虫因为背壳纵分成三部分，所以得名。它具有旺盛的生命力，在距今5.6亿年前的寒武纪就已经出现，在约5亿年前至4.3亿年前达到高峰，直到2.4亿年前的二叠纪才完全灭绝，它前后在地球上生存了3.2亿多年。

⯈ 家族成员各不同

三叶虫的生活形式并不遵循单一的模式，它们当中的一部分喜欢游泳，有些喜欢漂浮在水面上，有些喜欢在海底爬行，还有些习惯于钻在泥沙中生活。有的三叶虫的身体扁平，头部结构坚硬，前缘形似扁铲，便于挖掘泥沙；有的肋刺发育良好，尾小，有尖刺，用以在泥沙中推进。另外，适于在松软或淤泥海底爬行生活的三叶虫，其肋刺和尾刺均很发达，身体不易陷入泥中。

恐龙——神秘灭绝的帝国

恐龙曾经称霸地球长达1.6亿年，可是，却在中生代末期神秘地灭绝，这到底是怎么回事？

▌➡ 灭绝之谜

关于恐龙的灭绝，生物界一直都有好几种猜测，有的说可能是因为小行星撞击地球带来的火山喷发导致气候变化和食物不够而造成的灭绝；有的认为可能是因为地表产生变化、植物变少，恐龙不适应环境变化而灭绝的；也有人认为可能是地壳变化，大陆板块发生较大的分裂和漂移，恐龙的活动范围变小，食物减少，最终灭绝。大部分的说法都认为，是环境的骤变导致恐龙灭绝的。

▌▶ 恐龙家族

恐龙最早出现在约2.3亿年前的三叠纪，但从侏罗纪开始，恐龙家族因适应环境而发展迅速，数量增多，逐渐成为地球的陆地霸主。恐龙的种类繁多，个头和习性各异，个头大的有几头大象加起来那么大，小的跟一只鸡差不多。

▌▶ 恐龙的分类

恐龙按腰带的构造不同，可以划分为蜥臀目和鸟臀目两大类。蜥臀目恐龙分为蜥脚类和兽脚类，其中蜥脚类的代表有雷龙和腕龙等，霸王龙则是兽脚类的代表；鸟臀目恐龙分为鸟脚类、剑龙类、甲龙类、角龙类和肿头龙类等。

巨齿鲨——曾经的海洋霸主

巨齿鲨不是海洋里的霸主吗？它这么厉害，怎么也会灭绝了呢？

巨齿鲨的灭绝

有人认为，大约在200万年前，由于气候变化导致两极的海水变冷，巨齿鲨因无法适应环境而数量减少。还有一种说法是，由于地球的水循环出现了变化，导致鲸类因缺少食物而死亡，而以鲸类为主要食物来源的巨齿鲨也随之灭绝。

❚➡ 捕食方式

    成年巨齿鲨在开阔的大洋中猎食，幼年的则生活在离岸较近的海域中。巨齿鲨会攻击在海面换气的动物。它可以在短距离内快速游动，从猎物下方攻击。当猎食大型猎物时，巨齿鲨可能会先攻击其尾部或鳍，使其丧失游泳能力后，再将其消灭。

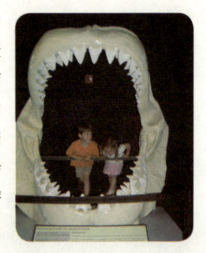

❚➡ 巨大的牙齿

    巨齿鲨是一种生活在大约2500万年～200万年前的一种巨型鲨鱼，因牙齿巨大而得名。科学家们找到了它的一些像手掌一样大的三角形牙齿化石，长约13～17厘米，是现在大白鲨牙齿的好几倍。

爱尔兰大鹿——华丽的鹿角

 爱尔兰大鹿是世界上最大的鹿吗？听说它有一对巨大的鹿角呢。

▶ 爱尔兰大鹿的灭绝

爱尔兰大鹿生活在300万年~1.2万年前，它又被称为巨鹿，是曾经生活在地球上的最大的鹿。有人认为，也许正是爱尔兰大鹿巨大的鹿角导致了它们的灭绝，巨大鹿角给雄性鹿穿过森林地带或是其他行为带来了限制，妨碍了它们的生存。

▌➡ 悠闲的生活

爱尔兰大鹿是一
种草食性动物。根据花
粉样本表明，在爱尔兰
大鹿生活的冰川时代末
期，爱尔兰是一片空旷
无树的草原景象。肥美

的草地富有营养，为爱尔兰大鹿提供了良好的生活环
境，它们在这片草原上的生活舒适而又悠闲。

▌➡ 巨大的鹿角

爱尔兰大鹿的角
是自然界最大的鹿角，
鹿角两端之间的距离为
3.65米，鹿角重量达到
40千克。鹿角的分叉
部位是用来防守和进攻

的，它们能够承受在搏斗中产生的那种巨大力量。在交
配的季节，雄鹿为吸引雌鹿注意也会与其他雄鹿竞争，
而巨角正是它们的战斗武器。

猛犸象——长而弯曲的牙齿

生活在第四纪冰川时期的猛犸象又是如何灭绝的呢？
那时的猛犸象与现在的大象有什么区别？

▌▶ 猛犸象的灭绝

　　猛犸象是生活在距今300万年～1万年前的古代生物。在第四纪大冰川时期，由于气候变暖，适合寒冷气候生活的猛犸象被迫大量向北方迁移，活动的范围缩小了，食物也慢慢减少，它们常常食不裹腹。再加上猛犸象本身生长速度缓慢，幼象的成活率又极低，所以，猛犸象最终灭绝了。

➡ 猛犸象简介

猛犸象身躯庞大，比现在的大象还要大。它们的身体上长着长毛，头骨短，顶脊高。猛犸象有一对长而粗壮的象牙，象牙向上向后弯曲并旋卷。它的臼齿齿板排列紧密，数目很多，第三臼齿最多可能有30片齿板。

➡ 别惹猛犸象

在冰原上的成年猛犸绝对是这里的霸主，尤其是雄猛犸象，不但体型庞大，而且脾气也很暴躁，其他的动物根本不是它的对手。就连平时比较温和的雌猛犸象在养育幼仔时也会变得异常暴躁，此时的猛犸象会忽然去攻击任何在它看来是"威胁"的动物，而对手往往在回过神来之前就被踩死了。

橡树——奇异的自卫术

美国的东北部有一种特殊的橡树，它有非常奇异的自卫能力。

▌➡ 重生的新芽

在美国的东北部，生长着一大片橡树林。有一年，橡树上突然长了一种名叫舞毒蛾的害虫，由于这是一种极难消灭的害虫，所以美国政府并没有组织人力进行大规模地治理，也没有喷洒任何农药，大片的橡树叶子因此被吃得一干二净。但是过了一段时间，奇迹出现了，橡树又重新长出了嫩芽。

❚▶ 全面防敌

橡树有着一整套对付天敌的方法。它的叶子在成长的同时，毒素和纤维也会同步增加，这样可以防止草食性动物啃吃。它的外皮又硬又韧，不仅可以防止动物啃咬，还能防止机械伤害。它还可以分泌一种叫单宁酸的物质，来对付骚扰它的毛毛虫。就连它的果实的外壳也很坚硬，一般吃硬果的动物都啃不动。

❚▶ 耐用的橡皮

橡树的皮可以作为软木使用。它的内部有着许多蜂窝状结构，蜂窝内饱含空气，所以弹性很好。而且橡树皮做成的软木十分耐磨，且有极强的吸音、隔热、耐压性能，还能防虫蛀、防潮，也易于清理和维护。

橡树的本领真大，用处还挺多。

蜉蝣——寿命最短的昆虫

你们知道世界上寿命最短的昆虫是什么吗？它的寿命又有多长时间呢？让我们一起来了解一下吧。

▌▶ 朝生暮死一天命

夏天傍晚的江面上总会出现成群纷飞的蜉蝣，远远望去，像气团一样。漫步江边，地面上也会看到一片片的蜉蝣残尸。蜉蝣是最原始的有翅昆虫，稚虫水生，成虫不取食，寿命很短，只有一天。

⇨ 蜉蝣的前生

虽然蜉蝣的生命只有一天，看起来好像很悲惨，但其实在它们成为蜉蝣成虫之前，还有一段"前生"呢，那就是它的幼虫期。但那时的它们必须长时间地生活在水底的幽暗处。

⇨ 蜉蝣之死

其实，蜉蝣是被饿死的。蜉蝣在幼虫期以藻类为食，并把食物转化为一种叫做糖元的能量，用来作为成虫一天活动的营养储备。当"油箱"变空，"燃料"耗尽时，它们就将死去。

海星——自我疗伤

 海洋里也有星星吗？那一定好漂亮啊！

▌➡ 海洋里的"星星"

　　海洋里也有星星，但是它不是像天上的星星一样属于一种天体，而是一种动物。它体扁，星状，非鱼类，属于海生无脊椎动物，主要以贝类为食，五颜六色，斑斓可爱，被人们称为"海星"。

⇒ 神奇的再生术

海星身怀绝技，有分身的本领。若是把海星撕成几块抛入海中，每一块碎片都会很快重新长出失去的部分，从而长成几个完整的新海星来。

⇒ 破解再生术的秘密

据科学家研究发现，海星之所以可以再生，是因为当它们受伤时，其后备细胞就被激活了，而这些细胞中包含着身体所失去部分的全部基因，这些细胞和其他组织合作，重新生长出失去的腕和其他部位。

枯叶蝶——伪装大师

 这片"树叶"怎么会动啊？噢，原来是一只枯叶蝶啊。

➡ 名字的由来

一条纵贯前后翅中央的黑褐色纹线，极像树叶的中脉；其他的翅脉又极像树叶的侧脉；翅上几个小黑点，就像枯叶上的霉斑；后翅的末端拖着一条叶柄般的"尾巴"。这样使天敌一时真伪难辨，分不清究竟是蝴蝶还是枯叶，所以它被称为"枯叶蝶"。

➡ 伪装的目的

　　大自然中的生物生存现象是很残酷的，从来都是弱肉强食，适者生存，所以枯叶蝶为了保护自己，便把自己伪装成枯叶的样子，这样可以迷惑敌人的视线，以避开猎食它们的鸟儿。

➡ 伪装的不利

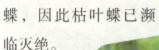

　　枯叶蝶伪装成枯叶的样子原本是为了躲避敌人，却无形当中增加了人类寻找它的兴趣。很多人宁愿在森林里忍受几十天的蚊虫叮咬，绞尽脑汁，希望能捕捉到枯叶蝶，因此枯叶蝶已濒临灭绝。

龟——长寿的象征

乌龟真的能活一万年吗？

⟫ 万年寿命乃虚夸

别说一万岁，就是一千岁，现实生活中的乌龟也根本活不到这么久。龟的最长寿命是几百年，不过即使如此，它也着实称得上是动物界的"老寿星"了。不过不同种类的龟，寿命也各有不同：巴西龟的寿命在15～25年左右，草龟的寿命大概是20～30年左右，海龟寿命可达100～150年。

⫸长寿的原因

　　科学家认为龟长寿的原因主要有以下几点：行动缓慢，使其身体受到的磨损较小；呼吸速度较慢，这样各个器官新陈代谢变缓，老化速度也减慢。龟是睡觉狂，一天能睡十几个小时，能量消耗极少；心脏机能极强，将一只龟的心脏取出后，竟然还能跳动24小时之久。

⫸龟的寿命记录

　　目前有记录的一只最长寿的龟，共饲养了152年，也就是说它至少有152岁了。还有一篇报道曾经记录了一位韩国渔民在沿海抓住的一只海龟，长1.5米，重90千克，背甲上附着许多牡蛎和苔藓，估计寿命为700岁。

石头鱼——带剧毒的"石头"

石头也会带毒,你听说过吗?在海洋世界中,有一种鱼,它们可是有着剧毒的"石头"呢。

➡ "玫瑰毒鲉"

石头鱼学名"玫瑰毒鲉",因为它们像玫瑰花一样长有刺,而且有剧毒,所以取了这么一个美丽但又令人恐惧的名字。石头鱼背部有几条毒鳍,鳍下生有毒腺,每条毒腺直通毒囊,囊内藏有剧毒毒液。当毒鳍刺中目标后,毒囊受到挤压,便会射出毒液,沿毒腺及鳍射向目标。

▐▶ 石头鱼的毒性

石头鱼是世界上毒性最强的鱼，其毒鳍含有致命剧毒，一旦踩到了它，它脊背上那12～14根像针一样锐利的毒鳍会轻而易举地穿透鞋底刺入脚掌，很快使人中毒：初则痛不欲生，伤口肿胀，继而晕眩，抽筋而至休克，不省人事，失救者甚至会死亡。

▐▶ 高超的易容术

石头鱼身体厚圆而且有很多瘤状突起，体色能随环境的不同而变化，像变色龙一样通过伪装来蒙蔽敌人使自己得以生存。它们像块不起眼的石头一样栖于海中的岩壁上，然后安静地以守株待兔的方式等待食物的到来。

角蜥——眼睛喷血秘技

 眼睛流眼泪很正常，不过眼睛里真的会喷血吗？

救命法宝

角蜥有个救命法宝非常奇特，不过它常常要到生死攸关的时候才会施展出来。有些异常狡猾的猛兽似乎知道角蜥身上那些匕首状鳞片的厉害，便意图用脚踩死角蜥后再吃掉它，这时，角蜥就开始大量吸气，使自己的身躯迅速膨大，然后一股鲜血从眼角处喷射出来，敌人便被吓得逃之夭夭了。

▌▶ 喷血过程

　　首先，在角蜥眼睛喷血的过程中所喷出来的确实是鲜血。角蜥在喷血之前，有一束闭孔肌会压迫主血管，使脑血管的血压升高。这个压力对那些眼睛瞬膜（一种半透明的眼睑）里的娇嫩血管来说是非常高的，足以导致血管破裂，使鲜血喷出。

▌▶ 其他的御敌法宝

　　角蜥只有在生死攸关的时候才会用眼睛喷血的绝招吓走敌人。平时，它喜欢用自己天然的保护色来进行伪装，以躲避敌人的视线。如果没有避开敌人，那它就会用又尖又硬的鳞片把敌人扎走。

蝎子——毒蝎尾上针

 一听到"蝎子"这个词，你会不会忽然打了一个寒战？因为蝎子可是五毒之一啊，它的毒就是它的那根尾上的针了。让我们来看看它到底有多毒吧。

蝎子的尾巴

　　蝎子的尾巴就是蝎子的后腹部的部位，后腹部为易弯曲的狭长部分，由5个体节及1根尾刺组成。蝎子行走时，尾巴平展，仅尾节向上卷起。静止时，整个尾部卷起，并且毒针前端指向前方。

▐▶ 蝎子的尾刺

　　蝎子的尾刺是在它身躯的最后一节，由一个球形的底和一个尖而弯曲的钩刺所组成。在这个钩刺的尖端有一个针眼状的开口，球形底部的毒腺与这个开口相通。当蝎子遇到危险的时侯，它会借助肌肉强烈地收缩，由毒腺通过钩刺的开口射出毒液，用以自卫或杀死猎物。

▐▶ 蝎子的毒性

　　之所以说蝎子是五毒之一，正是因为它的毒液危害较大。人如果中了蝎毒后，一般会全身出汗，可引起局部炎症、疼痛、疲劳、身体不适、心律不齐甚至呼吸衰竭。不过，生物学家发现，蝎毒运用得当的话，对一些病毒会产生预防和抑制作用，看来蝎毒也不是一无是处啊。

孔雀——华丽的尾巴

孔雀的尾巴真好看，像一把漂亮的羽毛扇子。

不只是好看，孔雀的尾巴还可以自我保护呢。

➡ 吸引异性的尾屏

孔雀中有着漂亮尾屏的是雄孔雀，春天是孔雀繁殖的季节，于是雄孔雀就展开其五彩缤纷、色泽艳丽的尾屏，并做出各种各样优美的动作，以此来吸引雌孔雀。等到它求偶成功之后，便与雌孔雀一起抚育小宝宝了。

▌➡ 自我保护

　　孔雀的尾屏上散布着许多近似圆形的"眼状斑"，这种斑纹从内至外是由紫、蓝、褐、黄、红等颜色组成。遇到敌人时，孔雀便会展开并抖动尾屏，使其"沙沙"作响，"眼状斑"也会随之乱动。敌人以为碰到了"多眼怪兽"，也就不敢轻易靠近了。

▌➡ 孔雀的飞行

　　孔雀拖着长长的尾巴，如果在空中飞过，一定如飞天的仙女一样漂亮。可惜这种现象是看不到的，因为孔雀的双翼不太发达，所以它的飞行速度慢而且显得笨拙，只有在下降滑飞时稍快一些。不过它的腿却强健有力，奔跑时多是大步飞奔。

鱿鱼——喷墨高手

是什么在喷墨水啊？噢，原来是一只鱿鱼，真是太有意思了。

逃跑高手

鱿鱼可是一个著名的逃跑高手呢，在它的身上藏着一个强有力的武器，那就是"墨水"。不过它喷出的"墨水"是不会伤害到敌人的，因为"墨水"没有毒性，但是可以帮它赢得足够的逃跑时间。

⫸ 鱿鱼的"墨水"

鱿鱼喷出的"墨水"可不是我们日常生活中所说的钢笔墨水，滴到水里就能散开。鱿鱼喷出的"墨水"有黏性，在水里也不容易散开，而且会保持一定的形态漂在水中。这样敌人就会误以为这"墨水"是美味佳肴而把注意力放在"墨水"上，此时鱿鱼就能趁机溜走了。

⫸ 鱿鱼的"墨水瓶"

鱿鱼的"墨水瓶"是它体内的一个墨囊，墨汁就被装在那里。墨囊是鱿鱼体内直肠的一支管末端膨胀后所形成的囊状物，它里面有根管子与肠道并行，末端又与肛门共同开口于外套腔。墨汁就是由墨囊里的墨腺制造和释放的。

螃蟹——横行"将军"

螃蟹们是为了显示自己的"霸道",所以才"横行"的吗?

⇒ 横走更方便

从生物学的角度看,螃蟹的胸部左右比前后宽,八只步足伸展在身体两侧,它的前足关节只能向下弯曲,若像我们人类一样沿着直线行走会比较麻烦与不便,所以螃蟹的身体结构促使它们选择横着走可能会更加迅速与方便。

▌➡ 适应地磁

螃蟹是依靠地磁场来判断方向的，它们的内耳有定向小磁体，对地磁非常敏感。为了使自己能在地磁场倒转中生存下来，螃蟹干脆选择不前进，也不后退，而是横着走，这样就不用担心地磁调换了。

▌➡ 横行腿的再生功能

螃蟹靠着这么多的腿来"横行"。如果断了可怎么办？没关系的，即便螃蟹"缺胳膊少腿"了，也不怕哦。由于腿多，所以即使腿断了，它也是不会死的，而且过段日子它的腿还会重新生长出来。

刺猬——万针披身的小刺球

不仅植物中才有自我防护能力的"刺球"，动物中也存在。

➡ "钢针一身"助护身

刺猬遇到敌人时，会竖起全身的刺，并把没有刺的腹、尾、腿和尾部等柔软部位收缩起来，使自己变成一个"钢针"滚球，让那些想吃掉它的动物扫兴离开。

"钢针"也可变"弹簧"

说到刺，其实除了防身之外，还有弹簧的作用，关键时刻能救命。刺猬的刺韧度强、弹性好，如果它攀枝爬藤地去摘瓜果或葡萄吃，不慎从上面掉下来，刺猬就会立即把自己卷成球，让全身的刺起到弹簧的作用，削减外力，避免摔成内伤或粉碎性骨折。

刺上抹唾沫

刺猬还有一个行为颇让人费解：它爱用嘴巴咀嚼，通过咀嚼产生大量的气泡，然后它将那些"唾液"涂抹到背上和刺上，直到整个身体都涂满泡沫。到现在为止，科学家们还没有找到它涂抹唾液的确切原因。

臭鼬——空气污染制造者

 这是什么味道啊？好臭！

▌➡ 恶臭制敌

臭鼬用它那特殊的黑白颜色"毛外衣"来警告敌人不要攻击它。如果敌人靠得太近，臭鼬就会转过身，将屁股冲着敌人，喷出一种恶臭的液体。这种液体是由臭鼬尾巴旁的腺体分泌出来的。

▌➡ 臭味的影响力

在3.5米的距离内，臭鼬一般"弹无虚发"。这种液体会导致被击中者短时间内失明，其强烈的臭味在约800米的范围内都可以闻到。所以绝大部分肉食者，只要不是在非常饥饿的状态下，一般都会避开臭鼬。

▌➡ "臭鼬弹"

以色列的防卫武器科学家分析了臭鼬喷出的液体成分，然后人工合成了类似的液体，用于制造一种被他们称为"臭鼬弹"的武器。据说这种臭弹气味难闻，一旦沾在衣服上就难以消除，臭味可持续5年之久。

斑马——时尚的黑白条纹装

 斑马的黑白条纹装好时尚啊！可是它们为什么要给自己做这样特殊的装扮呢？

◆ 隐身条纹装

在开阔的草原和沙漠地带，这种黑褐色与白色相间的条纹在阳光或月光的照射下，反射光线各不相同。所以在猎食动物眼中很难把斑马与周围环境分辨开。可以说，这身条纹装就像一件隐身衣一样，增加了斑马逃脱天敌追捕的成功率。

‖➡ 驱赶蚊虫的有效外衣

在非洲有一种叫做采采蝇的苍蝇，它们会在马科动物之间传播一种血液寄生虫病。而采采蝇很难看清斑马纹这类图案，那些斑马在它们的眼里只不过就是一块块色彩不均匀的地面，因此斑马们可以免除蚊虫的叮咬。

‖➡ 花纹小秘密

在非洲，越靠近东部地区的斑马其身上的条纹越密，越靠近南部地区的斑马的条纹则越稀。斑马纹之所以看起来会宽窄不一主要是因为胚胎在发育过程中，身体各部位发育的情况不同，因此在小斑马出生以后，各部位所形成的条纹也就不一样了。

黑猩猩——灵活的双手

 你们一定见过马戏团里黑猩猩的算术表演吧。黑猩猩不仅头脑聪明，四肢也很发达，尤其是那双手，和我们人类的手一样灵活呢。

▶ 能工巧匠

　　黑猩猩的双手十分灵巧，它们会利用相同的材料制作出各种不同的工具，以方便它们的日常生活。它们在生活中制造出来的各种工具，用途多达19种呢。

⫸ 用手势传递情感

当我们见到久别重逢的亲人或是朋友的时候，会相互搂抱、亲吻；看见远处有熟人，会招手以示问好。黑猩猩也像我们人类一样懂得运用手势来传递消息和情感哦。

⫸ 可学会各种技能的手

黑猩猩是与人类最相似的高等动物。一些黑猩猩经过训练，能学会用榔头、锯等工具，学会用吸尘器清扫地毯、开罐头、换灯泡，甚至还能学会弹钢琴和用电脑键盘敲词汇等。

鼹鼠——地下掘土机

我好喜欢动画片《鼹鼠的故事》里的小鼹鼠，它们特别可爱，不过为什么鼹鼠那么喜欢挖地道呢？

▌➡ 掘土有利器

作为"地下掘土机"，鼹鼠可有着掘土的秘密武器呢。你瞧，它的前脚掌大大的且向外翻，爪子强劲有力，简直就是两把掘土的小铁镐；嘴里还长有尖利的牙齿，当遇到树根时，可以快速地用牙齿把树根啃掉以扫除障碍。

▌▶ 狭长隧道自由奔

　　鼹鼠的地下隧道直径并不是很大，但是这个小家伙却可以穿梭自如。这要归功于它娇小的体形、尖尖的脑袋、没有外廓的耳朵、短小的尾巴以及一身又密又短的柔滑绒毛。这样它在穿梭隧道时就不用担心因身材过大而出现脑袋被卡、耳朵被刮、毛被勾住等诸多穿行时容易发生的问题了。

▌▶ 地下工作有弊端

　　鼹鼠长期生活在地下，成年后，眼睛深陷在皮肤下面，视力完全退化，再加上经常不见天日，很不习惯阳光照射，一旦长时间接触阳光，它的中枢神经就会紊乱，各个器官失调，甚至可能导致死亡。

小浣熊——出了名的爱干净

 小浣熊真是太爱干净了，我们都应该向它们学习。

⊪➡ 干净的饮食习惯

　　浣熊虽然不知道食物不洗会有细菌的道理，但它爱干净是在动物界出了名的。当它用灵活的爪子捕捉到水中的鱼、虾或螃蟹后，都会先洗去这些动物身上的泥土然后再吃。而且它在吃其他食物之前，也总是要把食物放在水中洗一洗再吃。要不，它为什么叫"浣熊"呢？

▌➡ 清爽的起居习惯

浣熊理想的栖息地是紧邻水域和沼泽地的落叶林。它们喜欢在空心树、岩石或地面上的洞中睡觉。它们会把自己的"房间"布置得整整齐齐，然后在白天美美地睡上一大觉。太阳下山后，到河边洗个澡，游一会儿泳，浣熊就可以清清爽爽地开始夜间的活动了。

▌➡ 哺育期间的卫生

哺育期间的浣熊依旧爱干净。浣熊妈妈会经常趁着带小浣熊宝宝出来的时候，借着夕阳的余晖，靠在树边，一边给小浣熊喂奶，一边给小宝宝梳理体毛，而浣熊爸爸要是在家的话，就会在出门前把它们的家打扫得干干净净。

卷柏——九死还魂草

卷柏还具有死而复生的本领呢？真是太厉害了！

▌➡ 生死交替

在生时，卷柏枝叶舒展翠绿可人，尽量吸收难得的水分。一旦失去水分供应，就将枝叶卷曲抱团，并失去绿色，像枯死了一样。随着环境中水的有无，卷柏的生与"死"也交替进行，因此在民间人们又称它为还阳草、还魂草、长生草、万年青。

▎▶ 还魂的秘密

　　卷柏这种死而复生的本领
是被环境逼出来的。由于它生
长在向阳的山坡或岩石缝中，
那里土壤贫瘠，蓄水能力很
差，为了能在久旱不雨的情况下
生存下来，它被迫练就了这身"本
领"。干旱时，它的全身细胞休眠，新陈代谢几乎全部停
顿，像死去一样。等有了水分后，它的全身细胞才会重新恢
复正常生理活动。

▎▶ 旅行植物

　　生活在南美洲的卷柏更为厉害，
它还能在干旱季节主动离开生长
地，去寻找有水的新家。它会自己
从土壤中挣脱出来，卷成一个圆
球，随风飘滚前进，如遇上多水的
地方，才会展开成原状，在土壤中扎
下根来。一旦水分缺少，它就会再次背
井离乡，所以它又被称作"旅行植物"。

步行仙人掌——沙漠中的步行者

 你一定不知道仙人掌在沙漠中还能走动吧？有人在沙漠中就跟着这种仙人掌找到了绿洲哦。

▶ 会跑的仙人掌

骄阳似火，他已经在沙漠中走了两天了，没吃没喝，已经累得走不动了。忽然，他看到一株仙人掌，刚想伸手去拔，一阵狂风吹来，沙尘来了。再低头时，仙人掌"逃跑"了。他一路追过去。突然，一片绿洲出现在眼前，他得救了。

▶ 步行本领大

步行仙人掌的根是由一些软刺构成的，能随风在地面上"驻扎"。沙漠的环境贫瘠，缺少水分，为了寻找水源和养料维持生命，它们只好随风而走，等到发现新的水源的时候，再扎根地下，"落脚"生长。

 ## ▌➡ 养分来源

　　步行仙人掌的根不能深深扎在土壤里。在干旱的环境里，它无法从土壤里吸取营养，只能从空气中吸取。它的叶茎非常肥厚，既能从空气里吸收营养，又能将养分储存起来。

长颈鹿——高处有美食

 非洲草原上的长颈鹿可以吃到别的动物吃不到的树叶，是不是很特别呢？

▌➡ 脖子的进化

　　长颈鹿是陆地上最高的动物。它最突出的特点就是那长长的脖子。其实，长颈鹿的祖先并不高，它们主要以吃草为生。后来因为自然条件发生变化，地上的草变得稀少，它们为了生存，必须努力伸长脖子吃到高大树木上的树叶。这样一代代延续下来，长颈鹿就变成现在这个样子了。

▐▶ 出众的脖子

长颈鹿的长脖子使得它们在非洲大草原上，可以吃到其他动物无法吃到的较高地方的新鲜嫩树叶与树芽。但长颈鹿和其他动物的脖子一样，椎骨只有7块，只是它们的椎骨较长，一块椎骨有两米长。

▐▶ 僵硬的表情

长颈鹿总是一副僵硬的表情，这是因为它时常咀嚼从树上摘下的叶子，下颚肌肉不停地运动，而脸部肌肉却因缺少运动而生长缓慢，所以我们平时看起来，长颈鹿总是"板着脸"。

剑鱼——水中的剑客

 海里有一种鱼，它的吻部长得长，而且对大型鱼类极具杀伤力。这种鱼就是我们要介绍的剑鱼！

▶ 游速最快的鱼

剑鱼又称剑旗鱼，是一种大型的掠食性鱼类。它分布于全球的热带和温带海域。剑鱼全长可超过5米，体重可达500千克。它长有长而尖的吻部，占身体全长的1/3。别看剑鱼个头大，其实它非常敏捷，游速可达每小时100千米，是海中游速最快的鱼类之一。

▶ 值得骄傲的标志

剑鱼的吻部又尖又长，像一把锋利的宝剑，直伸向前。它常常活跃在上中水层。游动时，剑鱼常将头和背鳍露出水面，用宝剑般的吻部劈水前进，就好像在炫耀自己的独特之处。

▌➡ 欺小怕大

　　剑鱼虽然凶猛，但有点欺小怕大。它常常避开其他大型鱼类，只攻击小型鱼类。有时，剑鱼龙也会潜入水中500～800米深处，追捕鱼群和其他水生动物。捕食时，它会猛力冲击鱼群，用"宝剑"刺杀猎物，然后将其吞食。

章鱼——水中变色龙

 章鱼常常躲在石头的后面，它的皮肤会变成和石头一样的颜色。赶快来找找章鱼藏在哪里了吧。

➡ 变色能力

　　章鱼可以随时变换自己皮肤的颜色，使之和周围的环境协调一致。即使章鱼受伤了，它的变色能力也不会减弱。美国科学家鲍恩把一条章鱼放在报纸上解剖，令人惊讶的是即将死去的章鱼的身上竟然出现了黑色字行和白色空行的黑白条纹。

⫸ 再生能力

章鱼的再生能力也很强。章鱼遇到敌害时，有时它的触手被对方牢牢地抓住了，这时候它就会自动抛掉触手，用断触手来迷惑敌害，自己则趁机溜走。每当触手断后，伤口处的血管会极力收缩，使伤口迅速愈合，第二天就能长好，不久又会长出新的触手。

⫸ 出色的"建筑家"

章鱼还是一个出色的"建筑家"。不过它每次建造房屋都是在半夜三更时分进行，午夜之前，一点动静也听不到，午夜一过，它就好像接到了命令似的，八只触手一刻不停地搜集各种石块。在章鱼喜欢栖息的地方，常有"章鱼城"出现，这些由石头筑成的"章鱼之家"鳞次栉比，颇为壮观。

▌▶ 时刻保持警惕

　　每当章鱼休息的时候，总有一两条触手在"值班"，"值班"的触手不停地向四周移动着。如果发现"敌情"，章鱼便会立刻跳起来，同时把浓黑的墨汁喷射出来以掩藏自己，趁此机会准备进攻或撤退。

丛林密码

在我们生活的地球上，生存着870多万种生物，它们同人类一样，遵循着"物竞天择，适者生存"的法则。它们当中有些生物在环境变迁中生存了下来，那么你能说一说，步行仙人掌、长颈鹿都有哪些特殊本领使它们能在严酷的环境中生存下来吗？

答案：仙人掌有肥厚的叶片，可以从空气中吸取养分，又能储存养分。它的根没有扎在土壤深处，可以随风飘动到适合生存的地方；长颈鹿为了避免与别的低矮的动物争食物，它进化出长脖子，可以吃到别的动物吃不到的高处的树叶。

图书在版编目(CIP)数据

丛林密码/袁毅主编. —武汉:武汉大学出版社,2013.1(2023.6重印)
(图说科学密码丛书:彩图版)
ISBN 978-7-307-10458-7

Ⅰ.丛… Ⅱ.袁… Ⅲ.生物-少儿读物 Ⅳ.Q1-49

中国版本图书馆 CIP 数据核字(2013)第 022546 号

责任编辑:吕 伟　　　责任校对:杨春霞　　　版式设计:王 珂

出版发行:**武汉大学出版社** 　(430072　武昌　珞珈山)
(电子邮箱:cbs22@ whu. edu. cn 网址:www. wdp. com. cn)
印刷:三河市燕春印务有限公司
开本:710×1000　1/16　　　印张:10　　　字数:60 千字
版次:2013 年 1 月第 1 版　　2023 年 6 月第 3 次印刷
ISBN 978-7-307-10458-7　　定价:48.00 元